U0389629

我的
奔跑小恐龙

侏罗纪

主编 / 韩雨江

吉林科学技术出版社

目 录
CONTENTS

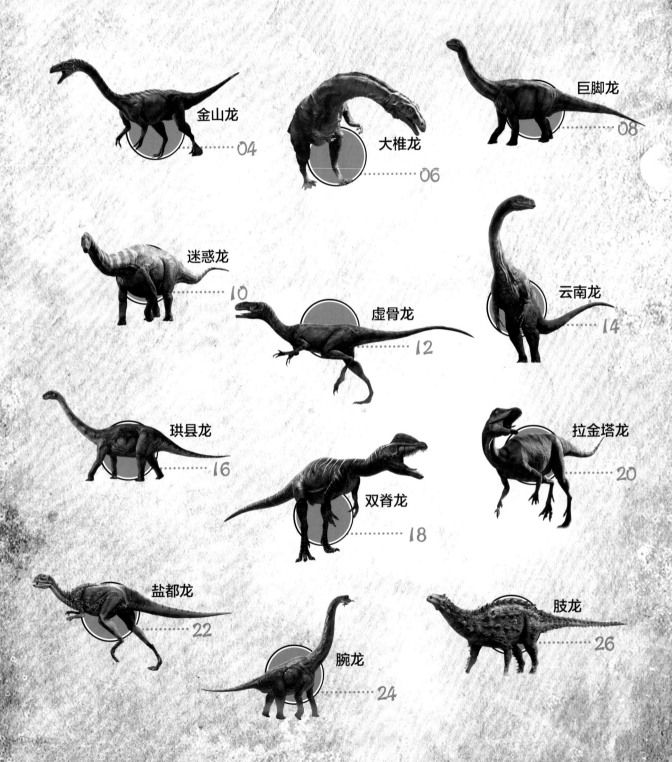

JINGSHANOSAURUS
金山龙

·盆地割草机·

9米

1.8米

JINGSHANOSAURUS>>>

1988 年 10 月，禄丰盆地的恐龙研究取得重大发现——学者们在禄丰县金山镇新洼村的小山坡上发现了金山龙的骨骼化石。作为生存时期最晚的蜥脚类恐龙之一，金山龙拥有着沉重而粗壮的骨骼。金山龙必须保持警惕，因为随时可能遇到肉食性恐龙，没有致命的防御武器，随时保持警惕便是最好的自我保护的办法。

拉丁文学名	Jingshanosaurus
学名含义	金山蜥蜴
中文名称	金山龙
类	蜥脚类
食 性	植食性
体 重	约 1 600 千克
特 征	高颅骨和长脖子
生存时期	侏罗纪早期
生活区域	中国云南省

长长的脖子

金山龙的 10 节颈椎约占身体长度的 1/3。颈部肌肉发达，能使头部左右摇晃，很容易够到高处的植物。

发达的趾爪

金山龙短小的前肢上有发达的趾爪，可以在打斗时抓伤敌人，也可以协助进食。

MASSOSPONDYLUS
大椎龙

·奇特的非洲来客·

我会认

奇 摧 毁 州 客

我会写

| 奇 | | | 客 | | |

2米

1.8米

MASSOSPONDYLUS >>>

拉丁文学名	Massospondylus
学名含义	巨大的脊椎
中文名称	大椎龙
类	蜥脚类
食 性	植食性
体 重	约 200 千克
特 征	尾巴粗壮，身体修长
生存时期	侏罗纪早期
生活区域	非洲、美洲

MASSOSPONDYLUS >>>

　　1853 年，英国学者在南非的哈利史密斯发现了一批恐龙化石。次年，英国古生物学家理查德·欧文认为这批化石包括了 3 个物种，其中尾巴最大的那种，就是我们的主角——大椎龙。后世的研究发现这 3 个物种其实都是来自同一属种。大椎龙的模式标本存放于伦敦的英国皇家外科医学院，但在第二次世界大战期间遭到轰炸摧毁，只有部分头颅骨幸存。

开孔可减负

　　和其他恐龙一样，大椎龙的头骨也有着各种窝孔、从左图可以清晰地看到外鼻孔、眶前孔、眼眶、侧颞孔、上颞孔以及下颌孔。这些林林总总的开孔可以让脑袋不至于太重。

独特的脚掌

　　大椎龙的每个脚掌都有5根脚趾。有大型趾爪，可用来协助进食或抵御掠食者。

BARAPASAURUS
巨脚龙

· 漫步的巨脚 ·

以何为食

和其他蜥脚类恐龙一样，巨脚龙也是植食性动物。但由于头骨和牙齿化石匮乏，因此其具体的食谱还难以推测。

12 米

1.8 米

BARAPASAURUS >>>

拉丁文学名	Barapasaurus
学名含义	巨大的脚
中文名称	巨脚龙
类	蜥脚类
食　　性	植食性
体　　重	约 7 000 千克
特　　征	头小，腿部粗壮
生存时期	侏罗纪早期
生活区域	印度

侏罗纪早期的亚洲生活着一种古老的蜥脚类恐龙，这种恐龙有着粗壮的四肢，所以人们称之为"巨脚龙"。巨脚龙属于十分温和的植食性恐龙，1960 年首次被发现于印度，头骨和其他骨骼的匮乏，以及资料的缺失，为学者们研究此恐龙带来了极大的困难。

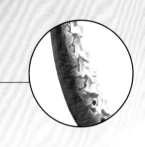

高扬的长颈

巨脚龙有一条粗壮的尾巴，它的脖子与尾巴相比，极其不协调。细细的脖子上顶着一个小小的脑袋，可以轻松地吃到高处的树叶。

慢步行踪

巨脚龙行动缓慢。它与其他脊椎是空心的蜥脚类恐龙不同，它的脊椎大部分是实心的，所以走起路来和大象一样缓慢。

我会认

巨 脚 漫 步 高

我会写

步			高		

APATOSAURUS
迷惑龙

·我是雷龙啊·

22 米

1.8 米

我会认

迷 惑 雷 响 声

我会写

迷 □ □ 响 □ □

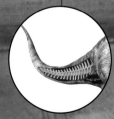

甩尾"雷动"

1997 年，经过电脑模拟的迷惑龙长尾被认为在挥动时可以发出 200 分贝以上的声响。这种声响可与大炮发射的音量相比，威力当然也不可小觑啦！

拉丁文学名	Apatosaurus
学名含义	令人迷惑的蜥蜴
中文名称	迷惑龙
类	蜥脚类
食 性	植食性
体 重	14 000~20 000千克
特 征	最经典的蜥脚类外形
生存时期	侏罗纪晚期
生活区域	美国犹他州、怀俄明州

胃石来协助

与许多蜥脚类恐龙一样，迷惑龙对待食物有些囫囵吞枣，于是便需要胃部的小石子，也就是胃石来帮助消化食物啦。

1877 年，马什公布一个新的蜥脚类恐龙——迷惑龙。马什不知道这一次命名把未来古生物学术界真正地迷惑了。1879 年，马什将在美国怀俄明州采到的蜥脚类恐龙骨架命名为"雷龙"。但经研究发现，这两种龙其实同属一种龙，所以古生物学家们舍弃了"雷龙"这个大众熟悉的名字，将其正式更名为"迷惑龙"。这段故事同时也变成了化石战争中最著名的故事——迷惑的名字。

COELURUS
虚骨龙

· 灵敏的魔鬼 ·

2.5 米

1.8 米

轻巧似无骨

修长的身体有赖于长长的颈椎，虚骨龙颈椎长度是宽度的 4 倍。这种分散着大大小小空腔的颈椎，能够减轻身体重量，使得它的脖子变得更加轻便灵活。

尖爪利如钩

虚骨龙呈半月形的腕骨同恐爪龙的十分相像。其带有细长三趾的前掌还长着弯曲锋利的爪，可以让虚骨龙轻易地抓伤猎物。

我会认

虚 灵 敏 钩 利

我会写

灵			利		

COELURUS >>>	
拉丁文学名	Coelurus
学名含义	有空心尾的蜥蜴
中文名称	虚骨龙
类	兽脚类
食 性	肉食性
体 重	13~20 千克
特 征	尾巴坚挺
生存时期	侏罗纪晚期
生活区域	美国怀俄明州

长尾轻如燕

虚骨龙的尾巴非常长，但看上去很是轻盈。这长尾巴既是平衡器，又是方向舵，其用处可大了！

COELURUS>>>

虚骨龙生活在距今 1.53 亿年前的侏罗纪晚期，那个时期的地球到处分布着半干旱的泛滥平原。那里有分明的雨季与旱季，河边的蕨类植物和针叶树极其茂盛。此时，虚骨龙正在寻找着昆虫、哺乳类和蜥蜴等小型动物作为其食物。它舒展着自己修长的身体，以迅雷不及掩耳之势用趾尖尖钩将一只小型动物牢牢地抓住。

13

YUNNANOSAURUS
云南龙
·西南龙军团·

我会写

南			军		

5 米

1.8 米

YUNNANOSAURUS >>>

拉丁文学名	Yunnanosaurus
学名含义	云南蜥蜴
中文名称	云南龙
类	蜥脚类
食 性	植食性
体 重	约 230 千克
特 征	硕大的头骨
生存时期	侏罗纪早期
生活区域	中国云南省

YUNNANOSAURUS >>>

　　云南龙生活在侏罗纪早期到中期，与著名的禄丰龙有着亲缘关系，是继禄丰龙之后又一重大发现。它们不仅都有庞大的身躯和既粗又壮的后肢，还共同居住在植物丰富的地方，享受着属于自己的世界。但是，危险无处不在。当它们长途迁徙到他乡时，很容易成为肉食性恐龙的猎杀目标。云南龙几乎没有防御武器，所以它们以群居方式抵御敌人的侵袭，讲述着"团结力量大"的道理。

头骨特写

云南龙长有一个硕大的头骨，其上有一个三角形鼻孔；眼前孔小而短高；眼眶大而圆；下颌关节低于牙齿列面。此外，云南龙的上枕骨和顶骨之间还有一个未骨化的缝隙。

易磨损的牙齿

古生物学家从云南龙的牙齿化石上发现了磨尖的现象，在原蜥脚类恐龙中可谓相当独特。它的牙齿呈筒状，边缘扁平，就像一个凿子。牙齿尖端会沿着一定的角度不断磨蚀，最终形成尖锐的咀嚼面。当然，如此构造可以协助云南龙更好地咀嚼植物，帮助其消化。

GONGXIANOSAURUS
珙县龙

·蜀国隐士·

GONGXIANOSAURUS >>>	
拉丁文学名	Gongxianosaurus
学名含义	珙县蜥蜴
中文名称	珙县龙
类	蜥脚类
食　性	植食性
体　重	约 3 000 千克
特　征	长长的脖子和尾巴
生存时期	侏罗纪早期
生活区域	中国四川省

11 米

1.8 米

GONGXIANOSAURUS >>>

　　1997 年，大量的恐龙化石在中国四川省珙县石碑乡被发掘出来，其中就有珙县龙。这种生活在侏罗纪早期的恐龙，有着呈匙形的牙齿、粗壮的爪骨和粗短的趾骨，上颌骨后突等。古生物学家研究认为珙县龙是介乎原始蜥脚类与蜥脚类之间的过渡性物种。

沉重的椎体

与后期进步的蜥脚类恐龙不同，珙县龙的脊椎没有网状构造及侧腔，这会给它们增加不少负担。

强壮的大脚

珙县龙保存了非常完整的后肢脚部化石，其中的拇趾最为强壮，可以帮助珙县龙牢牢地抓住地面。

我会认

蜀 国 隐 担 壮

我会写

国			担		

DILOPHOSAURUS
双脊龙

·卡岩塔的恶魔·

DILOPHOSAURUS >>>	
拉丁文学名	Dilophosaurus
学名含义	头上有两个脊的蜥蜴
中文名称	双脊龙
类	兽脚类
食性	肉食性
体重	约 400 千克
特征	头顶有骨冠，身材苗条
生存时期	侏罗纪早期
生活区域	美国亚利桑那州、中国云南省禄丰县

我会认

晋 断 活 取 物

我会写

断　　　活　　

DILOPHOSAURUS >>>

双脊龙是一种体格巨大、头上顶着两片大大骨冠的恐龙。生活在距今约 1.93 亿年前的美国亚利桑那州。早期有学者推断，双脊龙可以轻松地用双脊撑开死尸的皮肤使其免于闭合，以便更好地进食。但是，后期的研究表明，这个假说实在太过于天马行空了。

灵活"取物"

双脊龙的鼻部前端柔软灵活而且特别狭窄，所以它们可以将躲避在低矮的树丛中或石头缝里的小型动物衔出来吃掉。

7米

1.8米

似"花蛇"的尾巴

双脊龙的尾巴呈巧克力色，从尾根到尾尖分布着如奶油般的白圆圈。双脊龙奔跑时，远远望去，其尾巴就像一条粗壮的花蛇在空中翻滚。当然，如此奇特的外貌是艺术家们想象出来的。

LAQUINTASAURA
拉金塔龙

· 龙龙一窝 ·

LAQUINTASAURA >>>	
拉丁文学名	Laquintasaura
学名含义	拉金塔的恐龙
中文名称	拉金塔龙
类	鸟臀类
食 性	杂食性
体 重	约3千克
特 征	娇小如犬
生存时期	侏罗纪早期
生活区域	委内瑞拉

细长的尾巴

拉金塔龙有一条和它体形相匹配的细长尾巴，其长度几乎占据半个身体，这样拉金塔龙在奔跑时可以快速、平稳地前进而不会摔倒。

LAQUINTASAURA >>>

侏罗纪早期的鸟臀类两足动物的化石一直神秘地藏在委内瑞拉的地下世界中。当被古生物学家发现时，这些化石给人们展现了一幅侏罗纪时期拉金塔龙生活的场景。拉金塔龙的发现为研究以后的恐龙群在三叠纪后呈现的多样化提供源源不断的材料。

矛状的牙齿

拉金塔龙的牙齿与中国古代的兵器——矛像极了，这些看上去瘆人的牙齿能瞬间穿透猎物，当然也可以轻易地拽下植物的枝叶。

1米

1.8米

强健的双脚

拉金塔龙双脚的形态很像鸡的双脚，但比鸡脚更为强壮和锋利。它可以在险象环生的侏罗纪早期快速躲离危险，并且可以轻而易举地捕食到昆虫。

我会认

拉 窝 臀 拽 穿

我会写

拉			穿		

YANDUSAURUS
盐都龙

· 千年盐都的精灵 ·

YANDUSAURUS >>>

拉丁文学名	Yandusaurus
学名含义	来自盐都的蜥蜴
中文名称	盐都龙
类	鸟脚类
食　性	杂食性
体　重	约 40 千克
特　征	脑袋小，眼睛大而圆
生存时期	侏罗纪中期
生活区域	中国四川省

双目的延展

古生物学家根据颧骨弯曲的程度，复原出盐都龙大而圆的眼睛。研究也显示出盐都龙拥有敏锐的视觉，这使其能够在捕猎者横行的远古时代拥有开阔的视野，保证自身的安全。

YANDUSAURUS >>>

有"千年盐都"之称的自贡，1973 年，出土了一具恐龙化石。这种小型的鸟脚类恐龙，生活在侏罗纪中期，常常以群居的形式在湖岸平原栖息。盐都龙的体形较小，经常会受到大型恐龙的侵扰，所以盐都龙会以自己的奔跑优势来甩开天敌，故而也有人称盐都龙为恐龙家族中的羚羊。

我会认
盐 都 延 展 精

我会写
都			精		

1.3 米　　1.8 米

渐变的尾巴

　　盐都龙的尾巴长度约占整个身长的一半，颜色从臀部延伸到尾尖逐渐变浅，上面附有巧克力色的条纹。当然，这只是艺术家的想象而已。

奔跑吧

　　根据动物的胫骨与股骨的长度比可以估算出动物的运动速度。研究表明，速度快的动物往往都胫骨较长。而对于盐都龙来说，其胫骨与股骨的比值高达 1.18，这样长的胫骨是属于特别善奔跑一族的。

BRACHIOSAURUS
腕龙

· 移动收割机 ·

22 米

1.8 米

进食的抉择

　　8 米多长的脖子，使科学家们怀疑它的心脏是否能够向头部提供充足的血液。为了保持正常的供血，腕龙只能食用与头同高或者略低的食物。

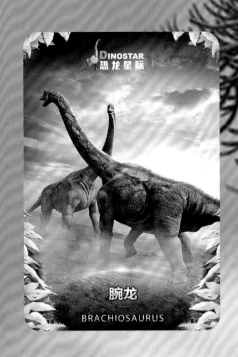

腕龙

BRACHIOSAURUS

我会认

腕 移 收 割 愚

我会写

移　　收

拉丁文学名	Brachiosaurus
学名含义	手臂蜥蜴
中文名称	腕龙
类	蜥脚类
食　　性	植食性
体　　重	约 35 000 千克
特　　征	前肢长于后肢
生存时期	侏罗纪晚期
生活区域	非洲

BRACHIOSAURUS >>>

当大风掠过这片侏罗纪晚期的草原时，明显能够感觉到大地的震动，那是一群恐龙刚刚走过草原。它们从草原走向丛林，又从丛林走向草原，为了食物而不断迁徙。腕龙作为侏罗纪晚期恐龙世界最为庞大的动物之一，在草原与丛林中不断搜罗着蕨类、苏铁类及木贼类植物，忙忙碌碌，只为了每一天所需的约 1 500 千克的食物。

SCELIDOSAURUS
肢龙
· 颇具争议的"装甲兵" ·

SCELIDOSAURUS >>>	
拉丁文学名	Scelidosaurus
学名含义	腿蜥蜴
中文名称	肢龙
类	甲龙类
食 性	植食性
体 重	约 270 千克
特 征	带装甲的小家伙
生存时期	侏罗纪早期
生活区域	英国

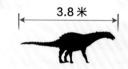

3.8 米

1.8 米

披挂鳞甲

　　肢龙的骨质鳞甲之间有圆形鳞甲。在大型鳞甲之间，有 5 ～ 10 毫米的平坦粒块分布于皮肤间。由于这个时期的兽脚类恐龙并未发展出强壮的肌肉与锐利的牙齿，所以肢龙的鳞甲可提供足够的防御能力。

1868 年，当英国人詹姆斯·哈里斯在黑崖（位于英国查茅斯与莱姆里吉斯海岸之间）挖掘时，意外地发现了一些化石碎片。这些神奇的碎片便是肢龙的四肢化石。肢龙生活在侏罗纪早期，是甲龙类恐龙中最原始的物种之一。但是因缺乏对肢龙的了解，所以其准确位置即使已经被相关学者争论了 150 多年，却仍旧毫无进展。

我会认

肢 颇 具 争 端

我会写

肢 □ □ 争 □ □

四足均等

肢龙是四足恐龙，后肢较前肢长，前脚掌与后脚掌一样大，显示它们有四足行走的姿势。肢龙每只脚有 4 只脚趾，最内侧的脚趾最小。肢龙在进食时可能以后肢支撑身体，去吃树上的树叶。

CETIOSAURUS
鲸龙

· 举步"地动山摇" ·

我会认

腔 鲸 摇 举 椎

我会写

腔			举		

CETIOSAURUS >>>	
拉丁文学名	Cetiosaurus
学名含义	鲸鱼蜥蜴
中文名称	鲸龙
类	蜥脚类
食　性	植食性
体　重	约11 000千克
特　征	颈部长，尾巴短
生存时期	侏罗纪中晚期
生活区域	英国、摩洛哥

16 米

1.8 米

CETIOSAURUS >>>

1841年，人们通过几颗牙齿以及几块骨头宣布发现了鲸龙这个物种。1870年，一个不完整的骨骼在英国被发现，终于让人们意识到鲸龙是多么庞大的动物。鲸龙是最早被发现的恐龙之一，人们惊叹于这种动物的巨大，所以就以海洋中最大的生物——鲸为其命名，意为陆地上的鲸。

无用的长脖子

鲸龙的身体与颈部等长，不灵活的颈部可能只能在 3 米的弧形内进行活动。鲸龙只能低头喝水、啃食蕨类叶片和小型的多叶树木。

中空脊骨

鲸龙的椎体有很多中空的腔室，这能帮助鲸龙减轻很多负担，更好地行走在侏罗纪的世界里。

举步难成速

鲸龙的四肢差不多等长，柱状的四肢都有 2 米多长，这类蜥脚类恐龙一般行动都不会特别敏捷。

29

SCUTELLOSAURUS
小盾龙
· 袖珍"装甲先锋" ·

SCUTELLOSAURUS >>>	
拉丁文学名	Scutellosaurus
学名含义	有小盾的蜥蜴
中文名称	小盾龙
类	覆盾甲龙类
食 性	植食性
体 重	约30千克
特 征	四肢纤细，尾巴长
生存时期	侏罗纪早期
生活区域	美国亚利桑那州

协调重量的尾巴

小盾龙虽然外形较小，但是全身覆盖铠甲的它们，全身重量确实不轻。所以它们奔跑时需要借助身后长长的尾巴进行协调，保持臀部前方身体的平衡。

SCUTELLOSAURUS >>>

在远古时代，有一种恐龙以全身的铠甲、较小的体形生活在侏罗纪早期，这种恐龙就是已知最古老的覆盾甲龙类中的小盾龙。小盾龙是长得像坦克的甲龙类的祖先。作为体形不大的植食性恐龙，小盾龙在食物丰富的丛林中觅食。在这种危险的环境中它们必须时时刻刻提高自己的警惕性，稍有危险接近，便迅速消失在矮树丛中。而面对危险，小盾龙最显著的优势并不是全身的"铠甲"，而是逃命的奔跑。

1.3米

1.8米

数量众多的骨板

　　小盾龙的全身覆盖着约300个骨板，而最大的骨板排列在背部中间的第1、2排。全身的骨板形状各异，只有25毫米左右的骨板，却能够抵御敌人的强势攻击。

我会认
盾 袖 珍 装 锋

我会写
袖 □ □ 珍 □

31

DIPLODOCUS
梁龙

· 疯狂的长鞭 ·

特别的齿构

梁龙的牙齿有修长的齿冠，其横切面好似一个椭圆。齿尖是一个钝的三角形，磨损最明显。由此可知磨蚀面位于上、下牙齿的颊侧。在梁龙进食需要剥去树叶的同时，还有一排牙可以稳定树枝。

进食方式

梁龙在日常进食的过程中，不能够将头部抬到水平以上的高度，因为从梁龙椎骨的骨骼间啮合方式来看，它只能把头伸向地面。

作为辨识度最高的恐龙之一，梁龙拥有巨大的长颈、长长的尾巴以及强壮的四肢。它作为著名的植食性恐龙代表，生活在侏罗纪晚期的北美洲西部。大量的骨骼化石证明了梁龙已经遍布世界，各地都有它大量的骨架以及复原模型。要知道，人们对这种恐龙的喜爱并不是从近几年开始的，在一个多世纪以前，梁龙就已经"行走"在世界各地，被大众所熟知。

DINOSTAR
恐龙星际

梁龙

DIPLODOCUS

我会认

梁 疯 狂 鞭 别

我会写

梁 □ □ 别 □ □

25 米

1.8 米

33

LUSITANOSAURUS
葡萄牙龙

· 葡萄牙的装甲车 ·

LUSITANOSAURUS >>>	
拉丁文学名	Lusitanosaurus
学名含义	葡萄牙蜥蜴
中文名称	葡萄牙龙
类	甲龙类
食 性	植食性
体 重	不详
特 征	与肢龙非常相似
生存时期	侏罗纪早期
生活区域	葡萄牙

小牙齿

葡萄牙龙嘴里长有非常小的牙齿，适合咀嚼植物。一般认为，当它们进食时，牙齿与牙齿间会产生刺穿——压碎的动作。

三角形小脑袋

不像晚期的甲龙类恐龙，葡萄牙龙可能像肢龙一样，拥有三角形的低矮头颅骨，类似原始类恐龙。但是因为只发现了部分左上颌骨与牙齿化石，所以这只是推测。

在侏罗纪早期的葡萄牙，生活着一种原始恐龙——葡萄牙龙。葡萄牙龙是甲龙类恐龙的一位成员，可能比同类的肢龙还古老。葡萄牙龙的模式种是阿塔拉葡萄牙巨龙，是由法国地质学家艾伯特·拉伯（Albertde Lapparent）等人在1957年叙述命名的，意为"卢西塔尼亚的蜥蜴"。"卢西塔尼亚"是葡萄牙的古地名，曾是葡萄牙的一个省。

背部的骨甲

葡萄牙龙属于装甲类恐龙，因为其背部同样覆盖着多排皮内成骨形成的骨甲。原始物种的鳞甲小且呈棱状，而衍化物种则演化出尖刺和平板等复杂鳞甲。

3.5 米

1.8 米

我会认

葡 萄 牙 鳞 演

我会写

牙			演		

NEBULASAURUS
云龙

· 来自彩云之南 ·

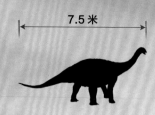

7.5 米

1.8 米

小巧的脑袋

　　与硕大的身躯比起来，云龙有一个极其不和谐的小脑袋，使得这个巨大的史前巨兽看起来萌态十足。当然，云龙小巧的脑袋不是为了卖萌的，小脑袋的主要功能是减轻脖子的承受力。

NEBULASAURUS >>>

　　来自中国和加拿大的古生物学者宣称，他们在中国云南禄丰地区发现了一种基干真蜥脚类恐龙，这种恐龙属于一个全新的物种。经过数年的研究，这件标本得以与世人见面。这件标本虽然留存不多，但特征非常有趣，其颅骨的解剖学特征区别于其他侏罗纪蜥脚类恐龙，因此，一些学者认为它是一新物种，命名为"云龙"，属名表明其来自美丽的彩云之南——云南。

NEBULASAURUS >>>

拉丁文学名	Nebulasaurus
学名含义	彩云蜥蜴
中文名称	云龙
类	蜥脚类
食 性	植食性
体 重	4 000~18 000 千克
特 征	中型的脖子和尾巴
生存时期	侏罗纪中期
生活区域	中国云南省

尾巴有秘密

日本研究学者宫下哲人认为：云龙与棘刺龙是姐妹群，同属基干真蜥脚类恐龙，这暗示着云龙很可能同棘刺龙一样尾端长有长刺。这是一种非常有效的防御进攻武器。不过，保守起见，我们在复原中并没有表现这个特征。

我会认

彩 研 巧 秘 密

我会写

彩		研	

SHUNOSAURUS
蜀龙

·蜀之传说·

9.5米

1.8米

攻防一体

蜀龙的尾端有4节逐渐进化呈棒状的骨质似锤尾椎,还伸出4个约5厘米长的尖刺。当蜀龙受到攻击时就会用这样的"武器装置"击退敌人。

长脖子比例

蜀龙一共有 12 节颈椎，脖子的长度约是身长的 1/3，而后半段颈椎是背椎的 1.2 倍。单看蜀龙你一定会觉得它脖子很长，其实若与其他长颈蜥脚类相比的话，它的脖子还是很短的。

SHUNOSAURUS >>>	
拉丁文学名	Shunosaurus
学名含义	"蜀"的蜥蜴
中文名称	蜀龙
类	蜥脚类
食 性	植食性
体 重	约 2 500 千克
特 征	脖子占身长的 1/3
生存时期	侏罗纪晚期
生活区域	中国四川省

我会认

传 例 颈 度 贡

我会写

传			例		

SHUNOSAURUS >>>

在侏罗纪中期的四川盆地，生活着一种原始的蜥脚类恐龙，其丰富的化石从自贡市大山铺"恐龙公墓"中发现，它就是蜀龙。蜀龙已经可以完全靠四足行走，随着其化石的不断出现，古生物学家对它们有了更加全面的了解。

DATOUSAURUS
酋龙

· "酋长"的统治 ·

10 米

1.8 米

多功能尾

细长如鞭的尾巴对于酋龙来说不单单有保持平衡的作用，其在掠食者进攻时还可以起到鞭打掠食者的作用。此外它还有一个附加功能，就是驱赶蚊蝇。

DATOUSAURUS >>>

拉丁文学名	Datousaurus
学名含义	酋长蜥蜴
中文名称	酋龙
类	蜥脚类
食 性	植食性
体 重	约 20 000 千克
特 征	硕大的脑袋，铲状牙齿
生存时期	侏罗纪中期
生活区域	中国四川省

传统的腰带

　　酋龙有着侏罗纪中期蜥脚类恐龙一贯的特征，即一副腰带从侧面看呈三角形。髂骨下方的耻骨向前延伸，坐骨向后延伸。

DATOUSAURUS >>>

　　侏罗纪中期，四川盆地群居着很多种蜥脚类恐龙，有蜀龙、峨眉龙，还有一种就是酋龙。酋龙是大山铺蜀龙动物群中一种较特别的类型。酋龙的颈椎与背椎的长度之比正好介于大山铺发现最多的两种蜥脚类——短颈椎型的李氏蜀龙和长颈椎型的天府峨眉龙之间。

BELLUSAURUS
巧龙

·新疆陆地轻坦·

我会认

新 疆 轻 陆 坦

我会写

新			轻		

强壮的后腿

和许多蜥脚类恐龙一样，巧龙的后腿非常强壮，这足以帮助它支撑起沉重的身躯。

当远古的历史再次展现在世人面前时，那种野蛮与血腥使得现代人感慨不已。1982年，中国科学院古脊椎动物与古人类研究所的考察队在新疆准噶尔盆地采集到了巧龙的化石。这些巧龙化石聚集在同一个化石点，这样的情形令古生物学家十分吃惊。也许在亿万年前恐龙时代，这样的事情每天都在发生，突发的天灾是这起悲剧的肇事者，留下的只有一堆骸骨，向未来人讲述那个时代的故事。

4.8米

1.8米

BELLUSAURUS >>>

拉丁文学名	Bellusaurus
学名含义	美丽的蜥蜴
中文名称	巧龙
类	蜥脚类
食 性	植食性
体 重	约500千克
特 征	短颈的小型蜥脚类
生存时期	侏罗纪中期
生活区域	中国新疆维吾尔自治区

短颈型号

巧龙与其他植食性恐龙相比，最大的特征是脖子短，这可能与其特殊的觅食位置有关系。

OMEISAURUS
峨眉龙

· 灵山来客 ·

牙齿发力

峨眉龙长有锯齿状前缘的粗大牙齿，这种牙齿可以使其轻松对付植物茎块和枝叶等。

OMEISAURUS >>>

拉丁文学名	Omeisaurus
学名含义	峨眉蜥蜴
中文名称	峨眉龙
类	蜥脚类
食　性	植食性
体　重	4 000~4 800 千克
特　征	头部呈楔形，脖子很长
生存时期	侏罗纪中期
生活区域	中国四川省

我会认

峨 眉 锤 敲 击

我会写

眉 　 　 击 　 　

16 米

1.8 米

现在的"天府之国"四川，在侏罗纪中期，同样也是一个"植食性恐龙的天堂"。繁茂的植被下厚厚的叶海蔓延到远处，银杏与松木共长，蕨类与木贼成堆。在这个天堂之中，峨眉龙漫步其中，细长的脖子在嫩叶之间穿梭，偶尔到来的捕食者看见峨眉龙荡起的尾巴，只能够在四周来回游荡，久久不敢逼近。

长脖子

峨眉龙17节颈椎的长度超过了蜥脚类的平均值，最长的颈椎和背椎相差3倍。

重锤敲击

峨眉龙是一个玩锤高手。当遇到敌人时，峨眉龙就会荡起它的尾巴，将由最末几节尾椎膨大并愈合在一起，呈纺锤状的"尾锤"打到敌人身上。

CHUANJIESAURUS
川街龙

·彩云之南的大家伙·

24 米

1.8 米

CHUANJIESAURUS >>>

拉丁文学名	Chuanjiesaurus
学名含义	川街蜥蜴
中文名称	川街龙
类	蜥脚类
食 性	植食性
体 重	约 25 000 千克
特 征	体形巨大，头部小
生存时期	侏罗纪中期
生活区域	中国云南省

CHUANJIESAURUS >>>

丛林之中，一只肉食性恐龙在川街龙们附近蠢蠢欲动。川街龙们由于正在寻找新鲜的树叶而放松了警惕，但是慑于川街龙巨大的身形，肉食性恐龙并不敢只身向前，只能在观望一阵后悻悻离去。沧海桑田，日月变迁，曾经令肉食性恐龙都望而生畏的川街龙，如今只在中国云南省留下 10 余具珍贵的化石。

超强震慑

川街龙唯一的武器就是它们的鞭状尾。在面对敌人的时候，庞大身躯带来的震慑力加之群体自卫，使得其他的敌害见到它们只能绕道而行。

长脖子的秘密

长脖子可以让川街龙节省更多的体力达到最大的觅食范围。即使川街龙的身体不动，环绕在其颈骨周围的肌肉、肌腱和韧带也可以使其进行更有效的运动，使效率最大化。

我会认

街 震 桑 柱 短

我会写

柱			短		

结实的"柱子"

川街龙的前肢短于后肢，但粗壮的四肢仍可以有效地支撑其巨大的身体。川街龙胫骨短于股骨，距骨与跟骨不愈合，前、后足的第1趾的末爪皆很发达，第5趾已经退化。

MEGALOSAURUS
巨齿龙

·《荒凉山庄》的首秀 ·

我会认

荒 凉 秀 析 调

我会写

凉		析		

6米

1.8米

步调分析

巨齿龙类的足迹是非常常见的遗迹化石，这些行迹基本都处于一条直线上，这告诉我们巨齿龙是如何行走的。

匕首亮相

大而尖的牙齿长满整个口腔，每一颗牙齿都相当于小型哺乳动物的整个颌部。后弯倒钩、边缘锯齿和牙根深陷，即使是面对一场厮杀，巨齿龙也可从容面对。

可怕的前肢

除了牙齿，锋利的爪子也是巨齿龙的利器。当面对猎物的时候，其锐爪可以轻易撕开猎物的外皮，接着就会撕下皮下的肉。

MEGALOSAURUS >>>

1677 年，当人们首次在英格兰发掘到巨齿龙的时候，他们认为这些巨大的骨头属于远古巨人或传说中的龙，便把它说成是"巨人"的遗骨。直到 1823 年，才由英国地质古生物学家威廉姆·巴克兰对它作了科学的阐述。巨齿龙生活在侏罗纪中期，是最早被命名的恐龙之一。巨齿龙也是第一种在通俗书籍中提到的恐龙，它的首次亮相是在狄更斯 1852 年出版的小说《荒凉山庄》中。

EUROPASAURUS
欧罗巴龙
· 蜥脚类中的霍比特人 ·

EUROPASAURUS >>>	
拉丁文学名	Europasaurus
学名含义	欧罗巴蜥蜴
中文名称	欧罗巴龙
类	蜥脚类
食 性	植食性
体 重	约 750 千克
特 征	侏儒体形
生存时期	侏罗纪晚期
生活区域	德国

我会认

欧 罗 霍 类 特

5.7 米

1.8 米

我会写

罗 　 　 类 　 　

50

醒目的大鼻孔

和其他大鼻龙类一样，欧罗巴龙的脑袋上方也有大型的鼻孔，可能作为扬声器来使用。

小个子

古生物学家们发现，与典型的大型蜥脚类恐龙——圆顶龙的长骨头组织相比，欧罗巴龙的体形很小，并提出这是其生长速率减慢的缘故。

在侏罗纪晚期的德国北部，生活着一群欧罗巴龙，它们是原始大鼻龙类恐龙，属于蜥脚类。奇怪的是，本应有着巨大身体，高傲地漫步在丛林中的它们，却莫名奇妙地长成了小个子。经古生物学家研究骨头组织后，推测小个子是由于岛屿环境隔离造成的。

MONOLOPHOSAURUS
单脊龙
·独特的单冠·

5.5 米　　1.8 米

利牙魔咒

如大多数的肉食性恐龙一样，单脊龙弯曲的匕首状的牙齿，周旁伴以锯齿，能够迅速地用牙齿刺向猎物的身体，致其快速死亡。

MONOLOPHOSAURUS >>>

在侏罗纪中期的新疆地区生活着一种奇特的恐龙，它的头上有着单一的脊冠，那就是有趣的单脊龙。最初，单脊龙被归于巨齿龙类，而后又被归于异特龙类或原始的坚尾龙类；但最近的研究似乎又将其归回到巨齿龙类。随着不断深入地研究，恐龙的分类经常发生变化。

高耸的"帽子"

单脊龙的头上长着高耸的脊冠，这种脊冠十分坚硬，可能会作为战斗的武器。

我会认

独 冠 耸 帽 咒

我会写

独 　 　 冠 　 　

四肢力量

单脊龙短小的前肢有着锋利的爪子，而对于较长的后肢来说，强壮的肌肉可以使单脊龙能够快速地奔跑以捕杀猎物。

GASOSAURUS
气龙
·一方霸主·

3.5 米

1.8 米

暴力撕咬

气龙具有独特的匕首状侧偏牙齿，前缘生有小锯齿。这样的牙齿构造使它们能够轻而易举地撕咬生肉。

GASOSAURUS >>>

拉丁文学名	Gasosaurus
学名含义	天然气蜥蜴
中文名称	气龙
类	兽脚类
食　性	肉食性
体　重	约 700 千克
特　征	匕首状牙齿
生存时期	侏罗纪中期
生活区域	中国四川省

我会认

撕　状　缘　梭　铺

我会写

状			铺		

灵活穿梭

气龙的趾端长有尖锐的趾甲，加上强有力的后腿，使之能够自由地漫步在大地之上，也能快速地行进奔跑。

GASOSAURUS >>>

在侏罗纪中期的四川省大山铺，生活着一种活跃敏捷的掠食者——气龙。它们在捕食的时候趁猎物放松警惕时攻其不备，能够一跃而起，张开血盆大口捕杀猎物。从林中经常会上演这种殊死搏斗的剧目。气龙因此成为大山铺恐龙动物群中的一方霸主，更是植食性恐龙最凶猛的天敌。

55

图书在版编目（CIP）数据

我的奔跑小恐龙侏罗纪 / 韩雨江主编. — 长春：
吉林科学技术出版社，2017.10
　ISBN 978-7-5578-2979-7

　Ⅰ．①我… Ⅱ．①韩… Ⅲ．①恐龙－儿童读物 Ⅳ.
①Q915.864-49

　中国版本图书馆CIP数据核字（2017）第206377号

WO DE BENPAO XIAO KONGLONG ZHULUOJI

我的奔跑小恐龙侏罗纪

主　　编　韩雨江
科学顾问　徐　星　[德] 亨德里克·克莱因
出 版 人　李　梁
责任编辑　朱　萌　李永百
封面设计　长春美印图文设计有限公司
制　　版　长春美印图文设计有限公司
开　　本　889 mm×1194 mm　1/16
字　　数　50千字
印　　张　3.5
印　　数　8 001-16 000册
版　　次　2017年10月第1版
印　　次　2017年12月第2次印刷
出　　版　吉林科学技术出版社
发　　行　吉林科学技术出版社
地　　址　长春市人民大街4646号
邮　　编　130021
发行部电话/传真　0431-85652585　85635177　85651759
　　　　　　　　　　　　　　85651628　85635176
储运部电话　0431-86059116
编辑部电话　0431-85659498
网　　址　www.jlstp.net
印　　刷　吉广控股有限公司
书　　号　ISBN 978-7-5578-2979-7
定　　价　22.80元